Deutschland und China vor, in und nach dem Kriege

Vortrag

gehalten am 29. Januar 1915 zu Bonn a. Rh.

von

Dr. O. Franke

Professor am Hamburgischen Kolonialinstitut

Hamburg

L. Friederichsen & Co.

(Dr. L. u. R. Friederichsen)

1915

Der Weltbrand, dessen Flammenmeer noch immer weitere Länder und Völker zu erfassen scheint, ist gleich unmittelbar nach seinem Ausbruche auf das ferne Ostasien übergesprungen. Zunächst war es Japan, von jeher ein ruheloser politischer Vulkan, das die Feuer-Lohe weiter trug und blühende deutsche Kulturwerke, die in langjähriger Arbeit mühevoll aufgebaut waren, in rauchende Trümmer verwandelte. Mit Ingrimm, aber ohnmächtig, sieht das große China dem Treiben innerhalb seines eigenen Reichsgebietes zu, seine Staatslenker wissen, daß Ruhe und Geduld jetzt ihre einzigen Waffen sind, aber sie hoffen auf die Zukunft, die ihr Land einst wehrhafter, stärker, unabhängiger machen soll. Sie machen sich ihre eigenen Gedanken über das Ringen der europäischen Völker, und unwillkürlich verknüpfen sich diese Gedanken mit ihren ferneren Plänen und Hoffnungen. Der Ausgang dieses Ringens — darüber kann kein Zweifel sein — wird auch für das Schicksal Chinas, wenn nicht entscheidend, so doch mitbestimmend werden. Nach welcher Seite aber sind die hoffnungsvollen Blicke des großen ostasiatischen Volkes gerichtet? Welchem der europäischen Kämpfer soll es im eigenen Interesse den Sieg wünschen? Von welcher abendländischen Macht kann es am ehesten einst Beistand in seiner inneren wie äußeren Bedrängnis erwarten? Stände die chinesische Staatsweisheit heute noch da, wo sie am Ende des vorigen Jahrhunderts stand, so würde sie der Katastrophe im Westen mit Behagen zusehen und den Untergang oder wenigstens die Lähmung aller Gegner herbeiwünschen, um dann ungestört zur Auswirkung in altgewohnten, räumlich wie geistig abgeschlossenen Bahnen zurückkehren zu können. Aber auch den Chinesen ist inzwischen die Einsicht vom Gesetz der geschichtlichen Entwicklung gekommen, auch sie haben erkannt, daß die Tage selbstzufriedenen Hindämmerns für immer vorbei sind, auch ihnen ist offenbar geworden, daß ihr

Staat vom „Strom der Welt" erfaßt ist und nicht wieder freigegeben wird, daß er entweder schwimmen oder untergehen muß. Als Folge davon aber beginnt auch die Erkenntnis sich durchzusetzen, daß das Reich die dazu nötige neue politische Daseinsform allein aus eigener Kraft nicht zu gestalten vermag, sondern der Hilfe bedarf, und zwar sowohl reiner staatswirtschaftlicher Belehrung, als auch eines politischen Schutzes gegen störende Gewalten von außen, sei es auch nur, daß dieser Schutz in einem gewissen Gleichgewicht der fremdstaatlichen Kräfte beruht. Also mit dem altehrwürdigen Grundsatze aus dem politischen Hausrat der Urväter: „man muß die Barbaren durch Barbaren besiegen" kommt man heute nicht mehr aus, da man mit den „Barbaren" leben und arbeiten muß. Was fürchtet, oder was hofft China danach von dem Kriege? Auf welcher Seite sind seine Neigungen, und sind sie überhaupt auf irgend einer? Nach dem, was die Zeitungen seit dem Kriegsausbruche melden, und zwar nicht die deutschen bloß, sondern vor allem die japanischen, zum Teil auch die englischen und französischen, ist nicht mehr daran zu zweifeln, daß diese Neigungen Deutschland gehören, daß China Deutschlands Sieg erhofft und wünscht. Der stärkste Beweis hierfür ist die drohende Haltung der japanischen Presse und Regierung gegenüber dem wehrlosen China wegen seiner vielfach zu laut geäußerten Deutschfreundlichkeit.

Schon der Heldenmut, mit dem Deutschland auf seine drei gewaltigen Gegner einschlug, riß auch in China weite Schichten zu staunender Bewunderung hin, so sehr auch die englischen und französischen Lügen dem Abbruch zu tun suchten. Dann bäumte man sich auf gegen den feigen Raubzug Japans gegen Kiautschou und war anderseits erfüllt von dem erhabenen Schauspiel, das die aussichtslose und doch so todesmutige Verteidigung Tsingtaus durch eine Handvoll pflichttreuer deutscher Männer bot. Indessen alle diese Dinge waren doch nur Gefühlswerte, und von Empfindsamkeiten allein läßt sich auch in China die Volksstimmung, geschweige denn die Politik dauernd nicht bestimmen. Die Hinneigung Chinas zu Deutschland ist aber offenbar in beständigem Wachsen, es muß also noch ein mehr greifbares, festes Etwas hinzukommen, das dieser

Stimmung Halt und Wurzel gibt. Dieses Etwas ist die gewalttätige Politik Japans, die der chinesischen Regierung und dem chinesischen Volke die seit langem drohende Gefahr des Überranntwerdens jetzt in furchtbare Nähe gerückt hat. Das ist es vor allem, was Chinas Haltung bestimmt und seine Neigungen zu Deutschland hinzwingt. Wie stellen wir uns nun selbst zu diesem Anlehnungsbedürfnis Chinas? welche Bedeutung hat es für uns? wie sollen wir es politisch bewerten? Die Frage ist von einschneidender Wichtigkeit, vielleicht weniger im Augenblick als für die Zukunft, denn sie wird eins unserer größten Arbeitsgebiete nach dem Kriege beherrschen. Um eine Antwort darauf zu finden, werden wir am besten das Verhältnis Deutschlands zu China in seiner ganzen Entwicklung und im Zusammenhange mit den politischen Geschehnissen in Ostasien überblicken, von dem Zeitpunkte an, wo dieses Verhältnis anfängt, einen ausgesprochenen Charakter anzunehmen.

Dieser Zeitpunkt ist das Jahr 1895, wo Deutschland zum ersten Male eine aktive politische Rolle in Ostasien spielte. Bis dahin war China ein im Nebel verschwimmendes Gebiet, wohin sich selbst das Interesse der Kolonialpolitiker nicht verirrte. Der deutsche Staatsmann wußte von den Dingen dort nicht mehr als der Durchschnitts-Deutsche und begehrte auch nicht mehr zu wissen. „Ich habe mich leider um die politischen Verhältnisse Ihres Landes für gewöhnlich nicht kümmern können", sagte i. J. 1896 Fürst Bismarck zu dem ihn besuchenden Li Hung-tschang, und in der Tat beschränkte sich die Tätigkeit der amtlichen Vertretung während jener Zeit darauf, die Handelsgeschäfte der deutschen Firmen in den wenigen geöffneten Häfen vor allzu starken Belästigungen durch das einheimische Beamtentum zu bewahren. Die Deutschen selbst führten ein beschauliches Dasein, die Geschäfte gingen im allgemeinen gut, und politisch wie kulturell fühlten und gebärdeten sich die kleinen versprengten deutschen Gemeinden als Anhängsel Englands, von dem sie mit jener gönnerhaften Gutmütigkeit behandelt wurden, die der erbeingesessene reiche Grundherr den kleinen Klienten zu zeigen pflegt. Das Verhalten Chinas war dementsprechend. Europa und England waren für die damalige chinesische Auffassung im wesentlichen eins. Die abendländischen Staaten, soweit man ihnen Beachtung schenkte, erschienen dem chinesischen Beobachter, den sie mit ihrem Neben- und Gegeneinander an einen ähnlichen Zustand in der älteren Geschichte seines eigenen Landes erinnerten, zum größten Teile als abhängig von dem Hegemonen England, höchstens Rußland und Frankreich hätten noch ein gewisses Maß von Selbständigkeit beanspruchen können. Die Deutschen zeigten sich als gutmütige Leute, mit denen man gern Geschäfte machte, außerdem galten sie als tüchtige Soldaten, denn man wußte, daß sie vor Jahren mit eigener Kraft das große Frankreich besiegt hatten. Aus diesem Grunde hatten auch seit 1884, wo der kriegerische Zusammenstoß mit Frankreich in Süd-China erfolgt war, mehrere Provinzial-Gouverneure deutsche Offiziere in ihren Dienst genommen, damit sie zur Abwehr ähnlicher Übergriffe fremder Staaten eine geeignete Heeresmacht heranbildeten. Einen tiefgehenden oder nachhaltigen Einfluß haben diese „Militär-Instruktoren" nicht ausgeübt und, wie die Dinge lagen, auch nicht ausüben können. Dazu fehlte es auf beiden Seiten an ausreichendem Verständnis für die Aufgaben, vielleicht auch an gutem Willen.

Diese ganze Sachlage erhielt nun aber plötzlich ein völlig anderes Aussehen durch die Ereignisse von 1894 und 95, d. h. durch den chinesisch-japanischen Krieg, den Einspruch gegen den Friedensvertrag von Schimonoseki durch Rußland, Frankreich und Deutschland und die sich daran knüpfende weitere politische Stellungsverschiebung der Mächte. Was den so berühmt gewordenen Einspruch betrifft, so hat es sich in der öffentlichen Meinung Deutschlands zu einem feststehenden Axiom herausgebildet, unsere Teilnahme daran für einen schweren Fehler zu erklären. Ich vertrete den entgegengesetzten Standpunkt: ich habe diese Teilnahme i. J. 1895 für richtig und notwendig gehalten, und nichts von alledem, was inzwischen geschehen ist, hat mich in dieser Überzeugung beirren können. Es würde uns zu weit von unserem Gegenstande ablenken, wollten wir hier die Gründe, das Wesen und die Folgen des Einspruchs von 1895 ausführlich erörtern. Nur folgende Erwägungen, die für unser Verhältnis zu China von Bedeutung sind, mögen hier kurz angedeutet werden. Zunächst müssen zwei Fragen scharf von einander geschieden werden: einmal: war der Einspruch gegen den Friedensvertrag überhaupt angezeigt? und dann: wenn der Einspruch einmal erfolgen sollte, war dann Deutschlands Teilnahme daran geboten? Die heutige allgemeine Verurteilung der deutschen Politik nach dem Frieden von Schimonoseki behauptet, die Teilnahme an dem Einspruch habe uns die dauernde Feindschaft Japans zugezogen, ohne uns einen entsprechenden Nutzen in China zu bringen; außerdem habe der Einspruch sein Ziel, die Verhinderung von Japans Festsetzung auf dem Festlande, doch nicht erreicht, sondern die Entwicklung nur um einige Jahre aufgeschoben. Der letzte Satz ist richtig, und deshalb mag die Frage, ob der Einspruch angezeigt war, eine offene bleiben. Dagegen sind die beiden ersten Sätze, die das Unrichtige unserer Teilnahme dartun sollen, falsch. Zum Beweise dessen braucht man sich nur zu vergegenwärtigen, was geschehen wäre, wenn wir uns von dem Einspruch, den zu verhindern unmöglich war, zusammen mit England ferngehalten hätten. War unser Verhältnis zu China bis dahin farblos gewesen, so würde es nunmehr für absehbare Zeit jede Entwicklungsmöglichkeit eingebüßt haben. Rußland und Frankreich würden während des folgenden wirtschaftspolitisch so inhaltvollen Zeitraumes als Freunde und Beschützer Chinas unbeschränkt die Lage beherrscht haben, England, das wegen seiner Zurückhaltung zunächst schwer zu leiden hatte, wäre aus seiner allzu fest gefügten Stellung, besonders in Mittel- und Süd-China, trotzdem nicht zu verdrängen gewesen, Deutschland aber hätte zwischen beiden gestanden, von Rußland und Frankreich verdächtigt, von England preisgegeben, von China verachtet, von Japan übersehen: eine bedeutungslose Macht, deren handelspolitische Ansprüche in der Folgezeit kurzer Hand abgewiesen wären. Wir würden die deutschen Niederlassungen in Tientsin und Hankou i. J. 1896 nicht erhalten haben, wir würden bei den großen Anleihen Chinas, die durch Vermittelung der Großmächte 1895 und 1896 zu Stande kamen, ausgeschaltet sein, wir würden vermutlich den Stützpunkt in Kiautschou und die Eisenbahn- und Bergwerk-Gerechtsame in Schantung nicht haben erwerben können, und wir hätten mit dem zufrieden sein müssen, was die Fürsprache Englands uns an Handelsmöglichkeiten übrig zu lassen für gut befunden haben würde. Japan aber — und hier zeigt sich besonders bei den Kritikern die Verkennung der Sachlage — würde uns für den Schaden, den wir durch unsere uneigennützige Zurückhaltung erlitten, außer seinen Freundschaftsversicherungen keinen Ersatz geboten haben. Die „Freundschaft" aber hätte sich in dem Augenblicke verflüchtigt, wo wir uns angeschickt hätten, in Ostasien irgendwie eine selbständige Politik zu treiben, zu der wir nach der Auffassung japanischer Staatsmänner nicht die Macht, also auch nicht das Recht besaßen. Es ist ein zwar allgemeiner, aber darum nicht minder großer Irrtum, zu glauben, Japans feindselige Politik gegen uns sei durch die Teilnahme an dem Einspruch von 1895 bestimmt worden. Japan hat uns diesen Schritt, der durch unser Zutun eine wesentliche Milderung erfahren hatte, ja der überhaupt vermieden worden wäre, wenn Japan auf unseren vertraulichen Rat gehört hätte, nicht mehr nachgetragen als Rußland und Frankreich. (Die Auseinandersetzung mit Rußland über Korea und die Mandschurei hätte auch ohne den Einspruch auf alle Fälle später erfolgen müssen.) Das geht nicht bloß aus gelegentlichen Äußerungen hervorragender Persönlichkeiten (z. B. des Fürsten Ito), sondern auch aus der Tatsache hervor, daß Japan schon i. J. 1898 bereit war, mit uns ein Bündnis abzuschließen, wenn man es in Deutschland nicht vorgezogen hätte, die Vorspanndienste für englische Umtriebe gegen Rußland zu verweigern. Wenn während der folgenden Jahre der Popanz von Schimonoseki in Japan nicht recht hat zur Ruhe kommen können, so ist dies lediglich den bösartigen Hetzereien Englands zu danken, die unter grober Entstellung der Wahrheit den Japanern Deutschland als ihren eigentlichen Feind (nachdem Rußland 1905 ausgeschaltet war) vormalten, um ihre Teilnahme an der Verschwörung gegen den verhaßten Nebenbuhler wirksamer zu machen. Weit mehr als der Einspruch hat uns in Japan ein anderes Moment in unserem Verhalten geschadet, auf das ich später zurückkommen werde. Ausschlaggebend für die japanische Politik aber ist erst unsere einflußreiche Stellung in China geworden, zu der sie uns in ihrem durch billige Erfolge gezüchteten Größenwahn nach den Erklärungen der Minister Okuma und Kato das Recht bestreiten zu können glaubte. Wir würden uns also — und damit erledigt sich die Anklage gegen die deutsche Politik von 1895 —, falls wir uns von dem Einspruche zurückgehalten hätten, heute genau der gleichen Lage in Ostasien gegenüber sehen, die durch den Raub von Tsingtau gekennzeichnet wird, es sei denn, daß wir auf jede aktive Politik auch handelspolitischer Art in China verzichtet hätten.

Auf der anderen Seite aber hat uns die Politik von 1895 in China eine Vertrauensstellung geschaffen, die seitdem immer nur zeitweilig eine Beeinträchtigung erfahren hat, und zwar entweder durch Ungeschicklichkeiten von unserer Seite, oder durch die mit teuflischer Infamie betriebenen englisch-japanischen Verleumdungen und Verhetzungen. Hätten wir den großen Einfluß, den uns die Teilnahme an dem Einspruch in China eingetragen, voll ausnutzen und China in seinem leidenschaftlichen Begehren, die doppelzüngige englische Hegemonie zu brechen, unterstützen können, so würde unsere Stellung in Ostasien für die nächsten Jahre jedenfalls eine ausschlaggebende geworden sein. Leider standen uns aber die hierfür erforderliche Entschlußfähigkeit und vielleicht auch die nötigen Mittel damals nicht zur Verfügung.

Unsere Erwerbung von Kiautschou i. J. 1897 mußte natürlich unser Verhältnis zu China stark beeinflussen. Sie kam zwar weder den Chinesen überraschend, noch standen diese unserer Begründung jenes Schrittes ohne Verständnis gegenüber. Indessen konnte eine besonders freudige Zustimmung zu diesem zwar unbedingt notwendigen, aber immerhin schmerzlichen Vorgehen zunächst natürlich nicht erwartet werden, und unsere von politischem Sittlichkeitsgefühl überströmenden Freunde englischer, japanischer, russischer und französischer Zunge haben Jahre hindurch mit unermüdlichem Eifer die Chinesen auf unsere märchenhaften Eroberungspläne hingewiesen, bis diese schließlich das Spiel durchschauten und sich an das hielten, was ihnen Deutschland selbst sagte, vor allem an das, was sie später in Tsingtau und Schantung mit eigenen Augen sahen.

Das unselige Jahr 1900 mit seiner „Boxer"-Raserei brachte durch eine unglückliche Verkettung der Verhältnisse Deutschland leider an die Spitze des nicht ohne eigene Schuld beleidigten Abendlandes.

Wenn hierbei und während der ersten folgenden Jahre manches geschah, was nicht geeignet war, bei den Chinesen die Bewunderung oder Zuneigung für Deutschland zu stärken, so war die Ursache hierfür ausschließlich die Unkenntnis der kulturellen und wirtschaftlichen Verhältnisse in China, sowie der politischen Entwicklung dort während der letzten Jahre. Aber diese Unkenntnis war in Deutschland sicher nicht größer als in den übrigen Ländern des Abendlandes, und die daraus hervorgehenden verkehrten Handlungen bedeuteten nichts schlimmeres als die von Anderen begangenen. Alles, was wir etwa an Unrecht den Chinesen irrtümlich zugefügt haben, wiegt federleicht gegenüber der gewissenlosen Gewinngier, mit der die Engländer den fluchwürdigen Opiumhandel in China gewaltsam erzwungen und große Gebietsteile an sich gebracht haben. Nachdem wir unsere politische Lehrlingszeit in Ostasien beendet und für die eigenartigen Daseinsformen und Daseinsfragen des chinesischen Volkes ein freundliches Verständnis erworben hatten, ist es uns durch Ruhe und Geduld gelungen, das Vertrauen der einsichtigsten Kreise zu gewinnen oder wieder zu gewinnen und Jahr für Jahr zu befestigen.

Mit unsagbaren Schwierigkeiten haben wir allerdings bis in die jüngste Zeit bei dieser Arbeit zu kämpfen gehabt. Die von England seit der Thronbesteigung Eduards VII. gegen das Deutsche Reich betriebene Einkreisungspolitik begann bald nach dem russisch-japanischen Kriege 1904/05 auch in Ostasien wirksam zu werden. Die Verdächtigung der deutschen Politik, ihrer Methoden und Ziele war zwar schon Jahre lang vorher eine Hauptaufgabe der englischen Presse in China und Japan gewesen, aber nun, nachdem die Frage der Zurückwerfung der russischen Macht befriedigend gelöst war, setzte ein wahrer Sturmlauf gegen die deutsche Stellung in China ein. Die verbündete englische und japanische Diplomatie, die mit ihrem Gelde gespeiste Presse in englischer, japanischer und chinesischer Sprache, ja selbst einzelne große Handels-, Industrie- und Schiffahrts-Gesellschaften führten einen Kampf gegen das Deutschtum, bei dem auch die schmutzigsten Mittel nicht verschmäht wurden. Keine Verleumdung war zu gemein, keine Lüge zu dumm, als daß sie nicht dazu ver wandt worden wäre, der deutschen Regierung die hinterlistigsten Anschläge gegen den Bestand und den Besitz des chinesischen Reiches anzudichten, jedes kaufmännische oder industrielle deutsche Unternehmen als unehrlich und schwindelhaft hinzustellen, die Chinesen und „neutralen" Europäer vor den Ränken und heimlichen Gewalttaten der Deutschen zu warnen, kurzum eine Atmosphäre des Mißtrauens, der Abneigung, des Widerstandes zu erzeugen, die jede Betätigung des Deutschtums unmöglich machen sollte.[1]) Wenn man diesen Aufwand der Mittel und die Ausdauer bei ihrer Verwendung bedenkt, so könnte man erstaunt sein, daß es möglich gewesen ist, uns überhaupt noch in Ostasien kaufmännisch und politisch zu behaupten, wenn nicht das allzu wüste Treiben unserer verbündeten Gegner die Chinesen schließlich stutzig gemacht hätte. Dazu kam das von den Londoner Drahtziehern ausgeklügelte überfeine System der „Entente"-Politik, d. h. jenes vielverschlungene Gewirr von teils geheimen, teils offenen internationalen Abmachungen, das Deutschland auch in Ostasien wie mit einem Stacheldraht-Verhau umgeben und den Teilnehmern in Europa die Hände frei machen sollte. J. J. 1902 war das englisch-japanische Bündnis abgeschlossen, das ausgesprochenermaßen „die Unabhängigkeit Chinas und Koreas," sowie „den allgemeinen Frieden in Ostasien" sichern sollte. Nachdem dies i. J. 1904/05 seinen ersten Zweck erfüllt hatte, Rußland aus den ostasiatischen Küstengebieten zurückzuwerfen, wurde die diplomatische Maschine mit ungeteilter Kraft gegen Deutschland eingestellt. War es bis zum Jahre 1905 von

1 Daß diese Verhetzung auch jetzt noch unermüdlich weiter geht, zeigt eine Mitteilung in der North China Daily News vom Dezember 1914 und im London and China Telegraph vom 18. Januar, wonach der chinesische Gesandte in Berlin seine Regierung telegraphisch darauf aufmerksam gemacht habe, daß „in Folge des Falles von Tsingtau die Politik der deutschen Regierung gegenüber China vollständig geändert werden würde." Er habe „eine deutliche (graphic) Beschreibung von dem gegeben, was Deutschland tun würde, wenn es in Europa als Sieger aus dem Kampfe hervorgehen sollte, und habe die chinesische Regierung ermahnt, bei Zeiten ihre Vorbereitungen zu treffen." Auf meine Anfrage hatte der Herr Gesandte die Güte mir mitzuteilen, daß er niemals ein derartiges Telegramm an seine Regierung gerichtet habe; übrigens sei die Nachricht auch sogleich von dem Ministerium in Peking für unwahr erklärt worden. Die englischen Blätter haben also, wie gewöhnlich, gelogen.

der englischen und der von ihr gespeisten japanisch-chinesischen Presse als heimlicher Helfershelfer Rußlands und Mitverschwörer zur Zerstückelung Chinas verdächtigt worden, so wurde die Methode nunmehr geändert, da Rußland in die Verbandspolitik hineingezogen werden sollte. J. J. 1907 und 1910 setzten sich Rußland und Japan in zwei Sonder-Abkommen über ihre beiderseitigen Rechte in der Mandschurei „endgiltig" auseinander, und zur gleichen Zeit, i. J. 1907, schloß Japan mit Frankreich einen Vertrag, in dem sich beide ihren Besitzstand und ihre „territorialen Rechte auf dem asiatischen Festlande" verbürgten. J. J. 1905 und 1911 wurde das englisch-japanische Bündnis in einer der jeweiligen Gesamtlage entsprechend abgeänderten Fassung erneuert. Keins von diesen verschiedenen Abkommen versäumte die feierliche Erklärung, daß der Zweck lediglich in „der Sicherung des Friedens im Fernen Osten und in „der Unverletzlichkeit des chinesischen Reiches" bestände. Amerika hielt sich zwar — aus Gründen, die hier unerörtert bleiben können — frei von diesem Gewirr von Abmachungen, es wurde aber trotzdem von England pathetisch als Mitglied des Verbandes der „wahren Freunde Chinas" und als „moralischer Bundesgenosse" ausgerufen. Es blieb also als gemeinsamer Feind, Störer des Friedens und Bedroher Chinas nur das vereinsamte Deutschland übrig, das bei den leider bisher nicht veröffentlichten Vorverhandlungen der Sicherungsabkommen natürlich deren eigentlichen Gegenstand bildete. Der Regierung und dem Publikum Chinas wurde darüber auch nicht der geringste Zweifel gelassen, und die Diplomatie der vier Bundesgenossen betrachtete es als ihre Hauptaufgabe, ständig auf die drohende deutsche Gefahr aufmerksam zu machen und sich selbst als starken Hort des Friedens und der Unverletzlichkeit anzupreisen. Den Chinesen ward beklommen bei diesen stürmischen Freundschaftsversicherungen ihrer ungebetenen Beschützer. In der Tat lieferte das sonstige Verhalten der Verbandsmächte auch einen seltsamen Kommentar zu den wohlgefügten Worten der Abkommen. Frankreich betrieb in Südwest-China seine „pénétration pacifique" marokkanischen Angedenkens mit wenig rücksichtsvollem Eifer, indem es, namentlich seit Vollendung seiner großen Bahnlinie von Indo-China nach der

Hauptstadt von Yünnan i. J. 1910, die chinesischen Provinzen Kuangsi, Yünnan und das westliche Ssetschuan mehr und mehr zu einer großen französischen „Einfluß-Sphäre" gestaltete. England hatte bereits i. J. 1904 in Tibet mit Waffengewalt einen Vertrag erpreßt, der die über jeden Zweifel erhabene Souveränität Chinas über dieses Land kurzer Hand beseitigte. Der Vertrag wurde dann zwar auf das bestimmte Verlangen Chinas aufgehoben, aber während der folgenden Jahre, auch nachdem i. J. 1906 ein neuer Vertrag zustande gekommen war, hat die chinesische Regierung zu ihrer Bekümmernis erfahren müssen, daß, wenn Tibet bisher noch nicht zu einem englischen Protektorat erklärt worden ist, wie die anderen chinesischen Vasallen-Staaten Birma, Nepal, Sikkim und Bhutan, dies nicht etwa aus Achtung vor den chinesischen Rechten unterblieben ist, sondern lediglich aus Rücksicht auf die Wünsche des Verbandsmitgliedes Rußland. Die englischen Vorbereitungen für die Besitzergreifung, die hauptsächlich in der Bestechung und Aufhetzung der lamaistischen Hierarchie gegen die chinesische Regierung bestehen, haben bis heute nicht aufgehört, und selbst die Bedingungen für Anerkennung der Republik i. J. 1912 haben hier als Druckmittel mitwirken müssen. (Der Dalai Lama soll ja England auch einige „Hilfstruppen" im jetzigen Kriege angeboten haben!). Des weiteren ließ aber England auch keine Gelegenheit vorübergehen, seine durch einseitige Erklärung geschaffenen Ansprüche auf das „Yangtse-Tal" als seine „Einfluß-Sphäre" neu in Erinnerung zu bringen, ein Gebiet, das nach einer von Lord Salisbury abgegebenen Erklärung nicht weniger als neun von den achtzehn Provinzen Chinas umfaßt. Die so wohl behütete chinesische „Unabhängigkeit" und „Unverletzlichkeit" kamen besonders zur Geltung, als i. J. 1908 die Landesregierung mit einer deutschen Bank einen Anleihe-Vertrag wegen des Baues der vom Yangtse nach dem Süden führenden Bahn abschließen wollte. Hier erhob sich England drohend als Siegelbewahrer seiner „Einfluß-Sphäre" und untersagte das Unternehmen. Rußland war durch den Krieg 1904/05 aus der südlichen Mandschurei verdrängt und hielt sich nunmehr schadlos in anderen Teilen des chinesischen Reiches. Seinem Abkommen mit Japan entsprechend, bearbeitete es die Mongolei mit dem freigebig gespendeten Rubel, veranlaßte sie i. J. 1911, sich für unabhängig von China zu erklären, und teilte danach der chinesischen Regierung mit, daß es „die Mongolen bei Aufrechthaltung der Ordnung unterstützen" d. h. ihre Gebiete demnächst einverleiben würde. Japan endlich gebärdete sich gänzlich als Hausherr in den neu erworbenen Gebieten der Mandschurei, die dem Namen nach immer noch zu China gehörten. Korea wurde i. J. 1910 dem japanischen Reiche einverleibt, nachdem in dem Bündnisse mit England seine „Unabhängigkeit" ebenso wie die Chinas gewährleistet war. Das Verfahren in der Mandschurei ließ auf die gleichen Ziele hier schließen, und die aktive Teilnahme der Japaner an den revolutionären Vorgängen von 1911 und 1912, sowie Zeitungs-Äußerungen der jüngsten Zeit verieten sogar erheblich weiter gehende Pläne im eigentlichen China.

Hiernach ist es verständlich, wenn China sich bei den Bürgschafts-Verträgen zum Schutze seiner „Unverletzlichkeit" allmählich seine eigenen Gedanken machte und schließlich nur Vertrauen in Amerika und Deutschland setzte, die mit ihren Bürgschafts-Versicherungen weniger freigebig waren, aber dafür die Unabhängigkeit des Landes nicht bedrohten.

Die Vertrauensstellung, die Deutschland während der letzten Jahre der monarchischen Regierung unzweifelhaft einnahm, gründete sich nicht zum wenigsten auf seine kulturelle Wirksamkeit, namentlich in Tsingtau. Bei der Umformung seines staatlichen Gefüges war China, vor allem bei der Heranbildung der Jugend und des neuen Beamtentums, in weitem Umfange auf die Hülfe der fremden Mächte angewiesen, und hierbei hat auch Deutschland — leider später als in seinem Interesse wünschenswert gewesen wäre — sein redliches Teil beizutragen gesucht. Durch Gründung von Schulen in verschiedenen Plätzen Chinas, durch Entsendung deutscher Lehrer und durch Aufnahme zahlreicher junger Leute in die deutsche Armee hat es den Chinesen reichlich Gelegenheit gegeben, deutsche Kultur, Wissenschaft und Arbeitsart kennen zu lernen. Ist auch hier nicht jedes Samenkorn aufgegangen, so hat die Saat doch mehrfach gute Früchte getragen, wie sich jetzt unzweifelhaft herausstellt. Ungemein segensreich hat hier vor allem Tsingtau gewirkt. I. J. 1908 wurde mit der Regierung in Peking die

Einrichtung einer deutsch-chinesischen Hochschule in Tsingtau vereinbart. Bei den Verhandlungen darüber traten die hohe Achtung vor deutscher Art und Arbeit und das Vertrauen in Deutschlands ehrliche Absichten recht augenfällig in die Erscheinung, indem der neuen Studienanstalt die Stellung und die Vorrechte einer chinesischen staatlichen Hochschule verliehen, und jährliche Zuschüsse in Geld zugebilligt wurden. Es war dies das erste Mal, daß die in dieser Erziehungsfrage sehr mißtrauische Regierung eine fremde Schule amtlich anerkannte und unterstützte. Man wußte in Peking und sprach es auch aus, daß die jungen Leute in Tsingtau in guter Hut seien, und daß sie weder zu Deutschen gemacht noch zu zügellosen lärmenden Politikern erzogen werden würden.

Das letztere war von besonderem Wert, denn die Erziehungsergebnisse der japanischen und amerikanischen Schulen hatten zu starken Bedenken Anlaß gegeben. Von dort her hatten die meisten der revolutionären Wirrköpfe ihre phantastischen Vorstellungen und politischen Schlagworte bezogen, mit denen sie das heimische Staatswesen in uferlose Abenteuer hineinrissen. J. J. 1911 brach die Revolution aus, die von Freiheit und Gleichheit, Menschenrechten und parlamentarischer Verfassung faselte, im folgenden Jahre die Monarchie beseitigte und die sogenannte Republik südchinesischer Prägung heraufführte. Diese Entwicklung blieb nicht ohne Einfluß auf das deutsch-chinesische Verhältnis. Von England und Amerika wurde die Bewegung zum mindesten mit Wohlwollen betrachtet, von Japan nachdrücklich unterstützt (die Gründe hierfür können hier unerörtert bleiben, idealer Natur waren sie nicht). In Deutschland haben sich zwar nicht Wenige, und sogar ernsthafte Leute, ebenfalls über das Wesen und den notwendigen Ausgang der Vorgänge vollständig getäuscht, aber die Regierung verhielt sich diesem Umsturz gegenüber grundsätzlich als unbeteiligter Zuschauer, vermied jede Förderung der wirkenden Kräfte, aber duldete im Schutzgebiet Kiautschou keinerlei politische Bestrebungen irgend welcher Art. Die Folgezeit hat bewiesen, daß sie Recht daran getan hat. Ihren Aufgaben entsprechend wußte die deutschfeindliche Verbandspresse auch diese Haltung der deutschen Regierung wieder für ihre vergiftende Tätigkeit nutzbar zu machen. Ohne Unterlaß wurde Deutschland den neuen Männern als Hort politischer Rückständigkeit und finsterer Reaktion, als Verbündeter der „verkommenen" Mandschus und als Feind der „freiheitbringenden" Jung-Chinesen verlästert. Diese beständigen Verleumdungen haben in der Tat Deutschland bei der neuen republikanischen Regierung zunächst sehr mißliebig gemacht, und das fanatische Südchinesentum bemühte sich, die deutsche Stellung zu schwächen, wo immer sich eine Gelegenheit dazu bot. Dafür aber suchten die bisher führend gewesenen Männer, die wohl Monarchisten, aber durchaus nicht etwa fortschrittsfeindlich oder politisch unfähig waren, um so mehr Anlehnung an Deutschland und die Deutschen. Ein großer Teil von ihnen ging nach Tsingtau, kaufte sich dort an und wartete hier der Weiterentwicklung der Dinge. Es währte nicht lange, bis die südchinesischen Bilderstürmer abgewirtschaftet hatten, und man die älteren erfahrenen Staatsmänner zur Rückkehr in die Regierung zu überreden suchte, aber wenige nur sind dem Rufe gefolgt, die meisten blieben in Tsingtau, wo sie unter der musterhaften deutschen Verwaltung Sicherheit und Ordnung genossen und deutsche Kultur schätzen lernten. Das Schutzgebiet hatte sich in der Zwischenzeit auch zu einem wahren Musterlager deutscher kultureller Leistungen entwickelt. Es zeigte den Chinesen durch das lebendige Beispiel, wie eine gesunde und schöne Stadtanlage aussehen muß, wie sie verwaltet und gepflegt wird, wie zweckmäßige Hafen- und Industrie-Bauten geschaffen werden, was die Forstkultur für das Land bedeutet, und manches andere dazu. Die neue Hochschule blühte so kräftig auf, daß man mit dem Bauen kaum Schritt halten konnte, aus allen Provinzen des Reiches strömten die Schüler herbei, und selbst die Männer der ersten republikanischen Regierung konnten beim Anblick dessen, was dort geleistet war und wurde, mit ihrer Anerkennung nicht zurückhalten. So war Kiautschou in der Tat geworden, was es sein sollte: ein Stützpunkt für den friedlichen Handel, eine Einlaßpforte für deutsche Kultur, nicht zur Eroberung und Unterjochung bestimmt, sondern zur freundschaftlichen Annäherung an das chinesische Volk. Das Mißtrauen auch bei den nunmehr gemäßigter gewordenen Republikanern war geschwunden, von gewissen radikalen Kreisen vielleicht abgesehen, und die Hetzartikel der Verbandspresse blieben wirkungslos. Das Verhältnis zu China war seit der Revolution zusehends besser geworden, und die ehrliche deutsche Kulturarbeit, mit Tsingtau als Mittelpunkt, die dem Interesse beider Länder diente, hatte eine aussichtsvolle Zukunft vor sich.

Über die jungen Saaten ist der Kriegsturm hereingebrochen, das blühende Tsingtau liegt in Trümmern, das Opfer eines feigen Raubzuges, die Beute gierigen Neides. Die Stellung Deutschlands in Ostasien sollte durch die Wegnahme von Kiautschou mit der Wurzel zerstört werden, wie es in der japanischen Presse und, mit etwas anderen Worten, in der Rede des Ministers Kato vom 5. September hieß. Es ist sehr zweifelhaft, ob Japan auch heute noch der Zweckmäßigkeit seines brutalen Überfalles sicher ist. Die Wirkung auf die Chinesen ist jedenfalls eine wesentlich andere gewesen als man erwartet hatte. Von der Bewunderung der furchtlosen Art, mit der das von vier Gegnern zugleich angefallene Deutschland in den Kampf ging, ist schon vorhin die Rede gewesen. Diese Bewunderung ist von Monat zu Monat gewachsen, und durch die heldenmütige Verteidigung von Tsingtau gegen die vereinigten Streitkräfte von Japan und England wurde sie auf's höchste gesteigert. Daß die Verluste der japanischen Streitkräfte über doppelt so hoch waren wie die gesamte Besatzung, und daß selbst um diesen Preis der Platz nur unter grober Verletzung der Neutralität Chinas genommen werden konnte, hat den Ruhm der japanischen Waffen nicht erhöht. Dieses Deutschland war ein Staat von gewaltiger Kraft, das bezeugten nicht bloß die Berichte aus Vergangenheit und Gegenwart, sondern auch die Taten, die man selbst sah. Dazu aber kam das unerhörte Verhalten der Japaner in der Provinz Schantung. Nicht nur bewirkten sie ihre Landung an einem Punkte außerhalb des deutschen Schutzgebietes, sondern sie besetzten auch ungeachtet aller Proteste der chinesischen Landesregierung die von Tsingtau 420 km landeinwärts nach der Hauptstadt Tsi-nan fu führende Eisenbahnlinie, die das Eigentum einer deutschen Privatgesellschaft war, und seitdem schalten sie, als seien sie die Herren in einem eroberten Lande. Die verängstigte Bevölkerung ist den Anmaßungen der Eindringlinge schutzlos preisgegeben. War die Abneigung gegen die Japaner schon vorher wegen ihrer beständigen hochfahrenden Übergriffe in der Mandschurei, sowie wegen ihrer Wühlereien bei den revolutionären Vorgängen der letzten Jahre stark im Wachsen begriffen, so schwoll sie jetzt zu erbittertem Grimm, der durch das Gefühl der eigenen Wehrlosigkeit nur noch vertieft wurde. Wie die stürmischen Sitzungen des Reichsrates in Peking zeigen, ist es dem klugen Präsidenten nicht leicht geworden, folgenschwere Schritte zu verhindern, die den Japanern nur zu erwünscht gewesen wären. Unter solchen Umständen ist es nur natürlich, wenn jetzt in China die Erkenntnis aufleuchtete, daß auf den Schlachtfeldern im fernen Westen auch sein Schicksal entschieden würde: blieb der Verband siegreich, der die „Unverletzlichkeit" Chinas berufsmäßig im Munde führte, sich in Wahrheit aber schon über die Beute verständigt hatte, so war es mit der Weiterentwicklung zur politisch selbständigen Großmacht für absehbare Zeiten vorbei. Nur von dem Siege der deutschen Waffen war noch Rettung zu erhoffen. „Erst wird Deutschland England und Rußland besiegen, und dann wird es von Japan Rechenschaft für Kiautschou fordern, dabei aber wird China ihm Bundesgenosse sein", so lauten, brieflichen Mitteilungen zufolge, die Gedankengänge chinesischer Sehnsucht. Man braucht diese Vorstellungen noch nicht als politische Pläne zu bewerten, sie zeigen aber die Richtung, in der die Neigungen und Wünsche des chinesischen Volkes, soweit es überhaupt politisch urteilsfähig ist, in diesem Kriege sich bewegen und mit Notwendigkeit bewegen müssen. Kaum jemals wird der einsichtige chinesische Politiker und Patriot die innere Zerfahrenheit und militärische Machtlosigkeit seines Landes mehr beklagt haben als jetzt, und verfügte er jetzt über ein gutes Schwert, er würde wissen, nach welcher Seite er zu schlagen hätte, und er würde nicht zögern, es aus der Scheide zu ziehen.

Sollten ihm aber noch irgend welche Zweifel über die Lage und das Verhältnis seines Landes dazu geblieben sein, so wären sie inzwischen gründlich beseitigt worden durch ein neues Moment in der Gruppierung der Kräfte. Dieses Moment ist die Verbündung der Zentralmächte mit der Türkei. Seit dem Ende des vorigen Jahrhunderts, als die von K'ang You-weï geführte Reformbewegung einsetzte, und China sich zum ersten Male seiner politischen Stellung in der modernen Welt bewußt wurde, hat man, nicht zum wenigsten auf japanische Anregungen hin, mit wachsender Anteilnahme die Augen auf die übrigen asiatischen Kulturstaaten gelenkt, vor allem Indien, Persien und die Türkei. Indien war englischer Besitz, Persien wurde i. J. 1907 zwischen England und Rußland in „Einfluß-Sphären" aufgeteilt, also um die nämliche Zeit, wo in Ostasien die Verbands-Politik zum Schutze der „Unverletzlichkeit" Chinas arbeitete, die Türkei endlich wurde von den nämlichen Tugendwächtern England, Rußland und Frankreich dermaßen drangsaliert, daß von ihrer politischen Selbstbestimmung nicht mehr viel übrig war, und ihr Untergang nur eine Frage sehr kurzer Zeit schien. Was war natürlicher als daß China, das sich in genau der gleichen Lage sah wie die Türkei, an ihrem Schicksal das eigene ermaß! Abkommen ringsum, Teilung in Einfluß-Sphären, angebliche „Unordnung" im Inneren zum Schaden der „Interessen" der Verbandsmächte und schließlich Besetzung und Einverleibung. Die Türkei, Persien, Indien zeigten alle Stadien dieses Entwicklungs-Vorganges. Nun kommt die Kunde, daß die dem Untergange geweihte Türkei, das China des Westens, mit raschem Entschluß sich an die Seite Deutschlands gestellt hat, des waffengewaltigen Deutschland, das außerhalb des Verbandes geblieben war, und das jetzt mit denselben Gegnern, aber unteren besseren Aussichten um sein Dasein zu kämpfen hat wie China und die Türkei. Die Nachrichten aus dem Osten sind leider noch zu spärlich, als daß man sichere Einzel-Angaben machen könnte, daß aber die Tatsache dieser Waffenbrüderschaft in China, ja in ganz Asien eine starke Wirkung gehabt hat oder noch haben wird — die Entwicklungen vollziehen sich ja dort nicht so schnell —, unterliegt für mich nicht dem geringsten Zweifel. Und hierin liegt die bei uns noch viel zu wenig beachtete weltpolitische Bedeutung unseres Bundes mit der Türkei. Wir haben allen Anlaß, diesen Bund, entgegen allen ängstlichen Bedenken, mit derselben Freude zu begrüßen, wie es anscheinend in der Türkei der Fall ist. Es ist die gleiche Not, die uns zusammengeführt hat, denn auch uns und Österreich war kein anderes

Schicksal, nur in etwas veränderter Form, zugedacht als den großen asiatischen Staaten: auch wir sollten in „Einfluß-Sphären" zerlegt und als selbständige Staaten beseitigt werden, um dann vielleicht als interessante Kultur-Reliquien im Dienste der Anderen ein bescheidenes Dasein zu fristen. Die asiatischen Kultur-Völker wissen, was unser Sieg bedeutet, daß er nicht bloß unser, sondern auch ihr Dasein rettet. Darum ist die Türkei an unsere Seite getreten, und darum würde China dasselbe tun, wenn es die Macht dazu hätte. Aber zunächst kann es uns so wenig helfen, wie wir ihm. Erst von der Zukunft können wir hier einen Wandel erhoffen, denn wenn überhaupt, so kann nur im Feuer dieses Weltbrandes die Einigkeit der chinesischen Völker oder wenigstens eines Teiles von ihnen gestählt und ein fester, dauernder Entschluß zu entschiedenem Handeln geboren werden. Dieser Wandel wird allerdings eine Vorbedingung für unsere künftige Politik in Ostasien sein müssen.

Zur Tat werden kann dieser Entschluß freilich erst, wenn dieser Krieg mit der Vernichtung des Verbandes und seiner Weltverteilungspläne geendet hat. Dann wird dem Deutschtum auch in Ostasien eine gewaltige Aufgabe zufallen, und im Zeichen dieser Aufgabe wird unser künftiges Verhältnis zu China stehen. Es war und ist das Wesen des englischen Weltreiches, das Betätigungsgebiet einer kleinen Herren-Rasse zu sein, der die unterjochten Völker, *mögen sie von einer Farbe sein von welcher sie wollen*, zu dienen haben, ohne Rücksicht auf ihre Empfindungen oder ihre Neigungen. Auch ein siegreiches Deutschland aber will keine solche politische Weltherrschaft, es will nicht der Erbe eines enteigneten England sein. Aber es will, daß die Völker, die dazu im Stande sind, über ihre politische Wirksamkeit selbst bestimmen, und darum ist es sein Bestreben, die asiatischen Staaten nicht zu bevormunden und zu unterwerfen, sondern sie selbständig zu erhalten, stark zu machen und auf dem Wege eines vernünftigen Fortschrittes nach Verlangen zu stützen. Es will nichts anderes als seine großen Handels-Unternehmungen und Kapitalsanlagen sichergestellt sehen, und das geschieht am besten unter einer starken und aufgeklärten Landesregierung. Dabei hat es noch niemals nach besonderen Vorrechten zum

Nachteil Anderer verlangt; wie auf dem Meere, so soll auch auf dem Lande der freie Wettbewerb gelten, Deutschland braucht keinen ehrlichen Nebenbuhler zu fürchten. Mit diesen Grundsätzen haben wir trotz unerhörter Verleumdungen und anderer unlauterer Mittel, mit denen man unser Emporkommen zu hindern versucht hat, vor dem Kriege schließlich das Vertrauen der Chinesen erworben, und mit ihnen werden wir nach dem Kriege unsere Arbeit im Fernen Osten fortsetzen. In demselben Maße, wie die Engländer sich durch die krämerhafte Art ihrer Kriegführung und durch ihre klägliche Rolle bei der Eroberung Tsingtaus verächtlich, die Japaner aber durch ihre anmaßende Brutalität verhaßt gemacht haben, ist unser Ansehen gewachsen, und die Chinesen werden auf dem weiten Gebiete der inneren Umgestaltung ihres Staatswesens in ganz anderem Maße unsere Führung wünschen als bisher. Wir aber dürfen uns dieser Kultur-Arbeit um so weniger entziehen, als wir ein sehr wesentliches Interesse daran haben, das chinesische Riesenreich nicht völlig dem anglo-amerikanischen oder gar japanischen Geiste preisgegeben zu sehen. Wir wissen heute besser als je, was das bedeutet. Mag unsere Rechnung mit Japan früher oder später beglichen werden, und mag Tsingtau in unserem Besitz zurückkehren oder nicht, wir werden unsere Stellung in Ostasien nicht bloß nicht aufgeben, sondern noch erheblich erweitern, ohne Herrn Okuma oder Herrn Kato erst um Erlaubnis zu fragen. Was an uns liegt, soll China wieder ein wirtschaftlich und militärisch starkes unabhängiges Reich werden, das sich seiner europäischen und asiatischen Bedränger aus eigener Kraft erwehren kann. Am guten Willen und am Vertrauen Chinas wird es voraussichtlich nach dem Kriege nicht fehlen.[1])

---

[1] Erst beim Druck dieser Zeilen kommt mir die Flugschrift „Kontinentalpolitik. Ein Zukunftsbild von einem rheinischen Großindustriellen" (4. Heft der in A. Marcus und E. Webers Verlag zu Bonn erscheinenden „Deutschen Kriegsschriften") zu Gesicht. Das ungemein klare, vorsichtig abwägende Urteil des leider ungenannten, aber vorzüglich unterrichteten Verfassers gibt der Schrift einen großen Wert für die Erfassung der politischen Weltlage und ihrer Umgestaltung durch den Krieg. Seine Ausführungen über China, die sich ganz mit dem obigen decken, sind so treffend, daß ich geglaubt habe, sie unverkürzt hier wiedergeben zu sollen. Vielleicht

Eine Bedingung allerdings werden wir zu erfüllen haben, wenn wir die großen und erhebenden Aufgaben, die unser nicht bloß in China, sondern auch in der Türkei warten, mit Erfolg lösen wollen: wir müssen uns durchaus klar werden über die Bedeutung der Rassen-Frage und Rassen-Gegensätze. Noch zu keiner Zeit in der Geschichte hat man mit Bezug auf die politischen und

tragen sie zur weiteren Verbreitung der ausgezeichneten Schrift bei. Sie lauten (S. 20 f.) wie folgt:

„China, das im Augenblick Japan widerstandslos ausgeliefert erscheint, hat sich noch nicht auf die ihm innewohnende Kraft besonnen; es erschöpft sich in inneren Kämpfen und muß noch zusehen, wie ein Einfall nach dem anderen ihm Hab und Gut bedroht, ohne daß seine ungeheuren Menschenmassen zur Tat dagegen schreiten. Dieses schlummernde Riesenreich mit seinen unendlichen Hilfsquellen wird zur Entfaltung kommen, und hierbei wird Deutschlands Mitarbeit nicht fehlen.

China muß sich auf einen Krieg nach zwei Fronten vorbereiten; es muß eines Tages gegen Rußlands und Japans Ländergier zu den Waffen greifen. Bis dahin muß es sein Eisenbahnnetz und vor allem seine einzig in der Welt dastehenden Flußverbindungen ausbauen und den Landeszwecken dienstbar machen. Es wird seine Heeresmacht weiter ausbauen, um stark genug zu sein, sich gegen weitere Loslösungen von Teilen seines Körpers zu wehren und das Verlorene wieder einzubringen; das ist schon deshalb notwendig, weil China für seine ungeheuren Volksmassen in der Zukunft Siedlungsland braucht, das ihm einst gehörte und dann zum großen Teile an Rußland kam, das es doch nicht zu besiedeln vermag. Und auch Tsingtau in japanischer Hand ist für die Chinesen unerträglich; wir hatten ihnen dort schon gezeigt, was man aus ihrem Lande machen kann, indem wir einen Musterhafen anlegten und das Hinterland durch Acker- und Forstwirtschaft, Bahn- und Bergbau aufschlossen.

Wir fürchten China nicht als „gelbe Gefahr", besonders nicht, wenn wir dieses ungeheure Kontinentalreich weiter entwickeln helfen. Voraussetzung dieser Entwicklung ist, daß China geregelte Anleiheverhältnisse erhält und mit der Zeit nach dem Beispiel der Türkei sich von dem Druck der Großmächte in seinem Zoll- und Steuersystem freimacht. Wir werden ihm nicht anraten, seinen Verpflichtungen untreu zu werden, die sich aus der Verpfändung der Zölle ergeben; aber wir werden ihm das Recht einräumen oder zu verschaffen wissen, daß es sein Zollsystem so gestaltet, wie es zu seinem eigenen Nutzen ist. China wird für die Kontinentalmächte ein ungeheures Bezugs- und Absatzgebiet sein, und es ist sogar zu hoffen, daß es in einer ferneren Zeit den Landanschluß an den Kontinentalbund finden wird, dessen Interessen schon jetzt in vieler Beziehung die seinigen sind."

wirtschaftlichen Beziehungen der Völker so viel und so eifrig über „höhere“ und „niedere“ Rassen geredet wie während der letzten zwei Jahrzehnte, und seit Ausbruch des Krieges hören wir ohne Unterlaß von „Gelber Gefahr“, „Rassenverrat“, „Rassenschändung“ und dergl. Alle diese Schlagworte, die übrigens nur zum Teil in Deutschland entstanden sind, gehen von der Vorstellung aus, daß es eine einheitliche „weiße Rasse“ gibt, die von der göttlichen Vorsehung dazu auserlesen ist, die Menschheit zu beherrschen, und der gegenüber alle anderen „Rassen“, die schwarze, gelbe, braune, rote usw., an Wert und Bedeutung zurückzutreten haben. Diese „farbigen“ Rassen sind vielmehr dazu bestimmt, sich der „weißen“ unterzuordnen, und eine Auflehnung dagegen erscheint wie eine Sünde gegen ein sittliches Gesetz. Diese Rassen-Theorie, mag man sie vom anthropologischen, ethnologischen, biologischen, geschichtlichen, religiösen, kulturellen, oder politischen Standpunkt aus betrachten, stellt sich bei näherem Zusehen immer dar als eine unhaltbare Täuschung, die nur gewissen Denkgewohnheiten und recht nüchternen wirtschaftlichen Erwägungen ihr Dasein verdankt. Anthropologische, ethnologische und biologische Forschungen haben uns gelehrt, daß es um die Scheidung der Menschen-Rassen etwas höchst mißliches ist. Primäre Rassen, das wissen wir heute sicher, gibt es seit Jahrtausenden nicht mehr, und schon die Geschichte lehrt uns, daß die heutigen „Rassen“, und zwar die Kulturvölker unter ihnen am allermeisten, durch Vermischung zahlloser, ganz verschiedener ethnischer Elemente entstanden sind. Wenn wir ferner bedenken, daß sich in Nord-Amerika unzweifelhaft jetzt schon wieder eine neue weiße Rasse bildet, von der Manche sogar behaupten, sie fange an, die nämlichen körperlichen Merkmale zu entwickeln, die den rothäutigen Indianern eigen waren, so beweist das allein schon zur Genüge, daß die sogenannten „Rassen“ nichts anderes sind als das Ergebnis ihrer natürlichen Umgebung, und daß sie sich, entwicklungsgeschichtlich gesprochen, schon in einem ganz kurzen Zeitraume herausbilden. Unter solchen Umständen hat der Begriff Völkerrasse in erster Linie eigentlich nur noch eine gewisse sprachwissenschaftliche Bedeutung. Kulturell können wir natürlich höher und tiefer stehende Rassen oder — richtiger gesagt — Völker unterscheiden, und nur ein doktrinärer Theoretiker könnte leugnen, daß Völker, die nicht kulturfähig oder noch kulturfeindlich sind und den allgemeinen Fortschritt der Menschheit hemmen, von höher stehenden Völkern geleitet und beherrscht werden müssen, ja daß dies sogar zu einer wirtschaftlichen und sittlichen Pflicht der höher stehenden werden kann. Solche Notwendigkeiten haben sich vor allem in Afrika ergeben. Nun hat aber das moderne Abendland — und hier scheint mir der schwere Gedanken-Fehler zu liegen — sein bei ganz und halb wilden Völkern erzeugtes Überlegenheits-Gefühl auf die ganze Erde, namentlich auch auf die alten Kulturvölker Asiens ausgedehnt. Die Ausgangspunkte dieser überspannten Vorstellungen waren vornehmlich England, Amerika und Australien, und die treibenden Ursachen hatten fast ausschließlich wirtschaftlichen Charakter; dazu kam eine ganz ungenügende Kenntnis der fremden Kulturwelten, Verständnislosigkeit gegenüber den Daseinsbedingungen jener Völker und der Trugschluß, daß die gewaltige technische Überlegenheit des Abendlandes eine ebenso große Überlegenheit der gesamten Kultur bedeute. Deutschland wurde von den wirtschaftlichen Antrieben hinsichtlich der asiatischen Völker nicht berührt, trotzdem ist es durch sein gewiß sehr ideales, aber geschichtlich unbegründetes und politisch unkluges europäisches Gemeinschaftsgefühl in diese Rassengegensätze hineingezogen worden, ja es hat sich zeitweilig leider sogar in die vorderste Reihe drängen lassen. Nirgends hat uns dieser übel angebrachte Eifer mehr geschadet als in Ostasien. Das Phantom der „gelben Gefahr", das man sich von England oder Amerika hat aufreden lassen, hat in Deutschland die eingehendsten und leidenschaftlichsten Erörterungen erfahren, obwohl niemand recht zu sagen wußte, was eigentlich darunter zu verstehen sei. Unseren Gegnern aber ist dadurch für ihren Verleumdungsfeldzug eine sehr wirksame Waffe geliefert worden. In China wie in Japan hat unser vermeintlicher Rasse-Dünkel oft böse Stimmungen erzeugt und auch die Kreise verletzt, die uns wohlgesinnt waren. Diese Äußerungen bildeten auch das Moment, von dem vorhin gesagt war, daß es uns in Japan weit mehr geschadet habe als die Teilnahme an dem Einspruch nach dem Frieden von Schimonoseki.

Unglücklicherweise scheinen nun diese Vorstellungen von der „gelben Gefahr“ während des Krieges neue Nahrung erhalten zu haben: wir hören von dem „Einbruch schlitzäugiger Mongolen in deutsche Kulturgebiete“, von englischem „Rassenverrat“ u. a. reden. Unterdrücken wir für einen Augenblick unseren gerechten Zorn und betrachten wir die Dinge, wie sie sind. Daß die japanische Wegnahme von Kiautschou ein feiger Schurkenstreich war, soll Niemand bestreiten, ebenso wie Niemand bestreiten soll, daß das Heranschleppen halbzivilisierter Fremdvölker auf den europäischen Kriegsschauplatz durch England und Frankreich, und zwar durch Mittel der Lüge und des Betruges, ein erschreckendes Maß sittlicher Roheit und Schamlosigkeit verrät. Aber etwas spezifisch „mongolisches“ oder „gelbes“ vermag ich in dem japanischen Schurkenstreiche nicht zu sehen, im Gegenteil eher etwas spezifisch westeuropäisches: Ergebnisse der englischen Schule. Die Japaner haben ihre Kenntnisse aus Deutschland, aber ihre politischen Ehrbegriffe aus England bezogen. Und von einem englischen „Rassenverrat“ zu sprechen, scheint mir auch nur in einem bestimmten Sinne richtig zu sein. Daß gerade England, das seine ganze koloniale Politik in Afrika und Asien auf der Ehrfurcht vor einem weißen Herrenvolke aufgebaut hat, jetzt nicht bloß zahlreiche Männer und Frauen von der gleichen Hautfarbe vor den Negervölkern Afrikas in unerhörter Weise um ihr Ansehen bringt (von den Franzosen hat man nie etwas anderes erwartet), sondern auch Angehörige der beherrschten Völker Asiens nach Europa schafft, wo sie Zeugen der Niederlagen ihrer „weißen Herren“ werden, das ist ein Wahnwitz, der an politischen Selbstmord grenzt und nur durch die ganze Bankerotteur-Politik Englands zu erklären ist. Insofern also England die weiße Hautfarbe, deren Vorhandensein bei nicht englischen Völkern ja leider nicht zu verheimlichen war, zum Herrschaftsmerkmal bei seinen unterjochten Farbigen gemacht hat, mag man von einem Verrat an der eigenen Staatsweisheit sprechen, aber ihm einen Verrat an der europäischen Rassegemeinschaft im allgemeinen vorzuwerfen, geht schon deshalb nicht an, weil England eine solche Gemeinschaft nie anerkannt, sondern bei jeder Gelegenheit abgelehnt hat. Zum Zeugnis dessen will ich hier nur auf einen Brief verweisen, den Herr

A. H. Sayce, Professor der Assyriologie an der Universität Oxford, ein Mann, der in England als große Autorität auch auf dem Gebiete der vergleichenden Sprachwissenschaft gilt, unter dem 18. August 1914 an die Times (s. S. 7 der Times vom 20. August 1914) gerichtet hat. Herr Sayce belehrt uns, daß zwar „ein beträchtliches skandinavisches Element an den Ostküsten von England und Schottland vorhanden", daß aber „das teutonische Element zum größten Teile verschwunden oder absorbiert" sei. Er fährt dann fort: „Vom anthropologischen Standpunkte aus gesehen, geht das vorherrschende Element im heutigen britischen Volke wahrscheinlich zurück auf das neolithische Zeitalter. Wenn daher deutsche Theoretiker angenommen haben, daß das britische Volk „teutonisch" sei, und daß es deshalb von den gleichen Empfindungen und Vorstellungen bewegt würde wie sie selbst, so ist es nicht überraschend, daß ihre Politik, die sich auf einem solchen Glauben aufbaute, kläglich Schiffbruch leiden mußte." Ich meine, das Licht, das von dieser wissenschaftlichen Leuchte[1]) in Oxford ausgeht, sollte uns Deutschen gründlich die Augen öffnen, besonders denen, die von dem Gedanken einer besonders engen deutsch-englischen Rasse- und Kulturgemeinschaft noch immer nicht loskommen können. Gewiß kennt England eine bevorrechtigte Rasse, aber das ist die „neolithische", die unmittelbar aus der Hand des Schöpfers hervorgegangen ist und heute den Namen „englisch" führt Alle übrigen „Stämme", mögen sie das europäische, oder asiatische oder afrikanische Festland bewohnen, sind tief unter ihr, mit kaum merk-

[1] Wer noch weitere Leistungen dieser Oxforder Koryphäe kennen lernen will, findet sie in einem anderen Briefe von ihr an die Times vom 22. Dezember 1914 (S. 6). Herr Sayce „beweist" hier, daß Deutschland „für Kultur und wissenschaftlichen Fortschritt" noch niemals auf irgend einem Gebiete etwas geleistet hat, daß die Deutschen „auch heute noch sind, was sie vor 15 Jahrhunderten waren, nämlich die gleichen Barbaren, die unsere Vorfahren (die neolithischen Urmenschen!) überfielen und die Zivilisation des römischen Reiches zerstörten." Wenn man dieses und noch vieles andere, was uns englische „Gelehrte" während der Kriegszeit beschert haben, überdenkt, so kann man sich des Eindrucks nicht erwehren, daß die englische Wissenschaft bereits ungefähr auf den gleichen Stand heruntergesunken ist wie die englische Presse, die der schwedische Gelehrte Professor Steffen vor kurzem mit Recht als „einen Bankerott des Verstandes" bezeichnet hat.

baren Abstufungen von einander, eingeordnet. Diese englische Auffassung wird uns jetzt mit rücksichtsloser Deutlichkeit in den überseeischen Gebieten klar gemacht, wo deutsche Männer und Frauen von schwarzen und braunen Polizisten auf englischen und auch auf französischen Befehl bewacht und zum Teil mißhandelt werden. Sollen wir Deutsche uns da wirklich noch in unseren politischen Entschlüssen von dem Trugbilde einer europäischen Rassegemeinschaft bestimmen lassen? Und das zu einer Zeit, wo wir versucht sein könnten, sogar die europäische Kulturgemeinschaft als eine uns bloßstellende Tatsache abzulehnen? Schauen wir uns um unter unseren Gegnern: die anständigsten unter ihnen sind die „gelben" Japaner (was allerdings sehr wenig sagen will! auch mag unter den obwaltenden Verhältnissen den Japanern diese „Anständigkeit" als eine politisch zweckdienliche Maßnahme nicht schwer fallen); was wir von Engländern und Franzosen während dieses Krieges erleben, stellt sie hinsichtlich der Kriegführung nicht viel höher als die kulturfeindlichen Neger-Stämme von Afrika, und mir scheint das vor kurzem einmal gefällte Urteil über die beiden selbstgefälligsten Träger des Europäertums nicht ungerecht: daß ihre „Kultur" nur eine mit bunten Flittern verdeckte Bestialität sei. Also die Gemeinschaftskultur der „weißen Rasse" der Welt als etwas unendlich überlegenes zu preisen, das sollte dieser Krieg fernerhin unmöglich gemacht haben. Pflegen und entwickeln wir unsere deutsche Kultur, achten wir das Gute, wo immer wir es finden, und vor allem schätzen wir jedes Volk nach dem ihm innewohnenden sittlichen und politischen Werte, nicht aber nach seiner Hautfarbe oder nach irgend welchen nebelhaften Rasse-Zusammenhängen. Dieser Grundsatz, scheint mir, entspricht auch am meisten dem Geiste unserer Religion, sowie ihr Stifter sie gelehrt hat. Er ist aber schließlich auch von ausschlaggebender Bedeutung für unsere praktische Politik in Ostasien. Wir haben gesehen, daß eine einheitliche nach hunderten von Millionen zählende „gelbe Rasse", die jeden Augenblick bereit ist, das Abendland und seine Kultur zu überfluten, nur in der Phantasie der Rasse-Theoretiker und ihres wirtschaftlich verängstigten Anhangs vorhanden ist, daß in Wirklichkeit aber ebenso tiefe Gegensätze die Völker dort trennen wie in Europa. Wenn wir allerdings durch unser Verhalten jene Gegensätze überbrücken, wenn wir die Völker Chinas, die heute um ihrer eigenen Rettung willen auf unseren Sieg hoffen, als „Rasse-Feinde" von uns stoßen, und sie den Japanern in die Arme treiben, dann mag in nicht zu ferner Zukunft zwar keine „gelbe", aber eine japanische Gefahr entstehen, dann mag sich ein meerumgürteter Raubstaat, wie wir ihn in der Nordsee jetzt unschädlich zu machen hoffen, im Großen Ozean auf's neue bilden und eine ebensolche Bedrohung für Freiheit und Fortschritt der Menschheit werden wie England bisher war. Noch gibt es keine „gelbe Gefahr", sollte es aber einstmals eine geben, so hat Europa sie verschuldet — und verdient.

Unsere Betrachtungen haben uns schließlich über den ursprünglichen Rahmen etwas hinaus geführt, aber vielleicht ist es gut, wenn wir uns zuweilen klar werden über die gewaltigen Durchblicke, die sich nach diesem Kriege für uns auftun. Frei soll das Meer werden, und frei die Entwicklung der Völker nach den Gaben, die ihnen die Natur verliehen, frei der Weg zu einer höheren Stufe der Menschheits-Kultur und frei die Kraft, ihn zu beschreiten. In uns allen lebt ein unzerstörbarer Glaube, daß dieser Weg uns einem höheren sittlichen Ziele näher bringt, daß er auch durch diese Nacht des Grauens aufwärts führt, aufwärts zum Licht.

KARTE
der
französischen Gefangenenlager
und hauptsächlichsten Hospitäler (Lazarette)

sowie Bestimmungen über den Postverkehr
mit in Frankreich befindlichen Gefangenen

Herausgegeben mit Genehmigung des stellvertretenden
General-Kommandos des IX. Armeekorps
vom

Hamburgischen Landesverein vom Roten Kreuz
Ausschuß für deutsche Kriegsgefangene
Geschäftsstelle: HAMBURG 1, Ferdinandstraße Nr. 75 III

Preis 60 Pfennig.

Die Karte umfaßt Frankreich nebst Korsika, Algerien, Marokko, sowie Tunis und ist innerhalb Frankreichs in Departements eingeteilt. Die Lage und die Namen von 154 Gefangenenlagern und Hospitälern sind rot in die Karte eingezeichnet. Durch Beifügung eines alphabetischen Namensverzeichnisses sämtlicher auf der Karte verzeichneten Plätze wird es leicht gemacht, den interessierenden Platz aufzufinden und die Adressierung von Postsendungen richtig vorzunehmen. Zur weiteren Erleichterung dieses Zweckes sind auf der Rückseite der Karte die vom Roten Kreuz herausgegebenen Bestimmungen über den Postverkehr mit Gefangenen in Frankreich abgedruckt. Die Karte wird Jedem, der Angehörige in französischer Gefangenschaft hat, gute Dienste leisten; sie bildet gleichzeitig ein interessantes und wertvolles Blatt für alle Sammler von Kriegserinnerungen.

Eine gleiche Karte über das

europäische und asiatische Rußland

ist in Bearbeitung.

Hamburg, Anfang März 1915.

L. Friederichsen & Co.

FSC
www.fsc.org
MIX
Papier | Fördert gute Waldnutzung
FSC® C083411

Zeitfracht Medien GmbH
Ferdinand-Jühlke-Straße 7
99095 Erfurt, Deutschland
produktsicherheit@kolibri360.de